espeluznantes pero geniales

Alan Walker
Traducción de Sophia Barba-Heredia

Un libro de El Semillero de Crabtree

Crabtree Publishing
crabtreebooks.com

ÍNDICE

UN MUNDO DE DINOSAURIOS

Los primeros dinosaurios vagaron por la Tierra hace 240 millones de años.

¿LO SABÍAS?

Dividimos la historia de los dinosaurios en tres periodos:

Triásico: hace 250 hasta hace 200 millones de años.

Jurásico: hace 200 hasta hace 145 millones de años.

Cretácico: hace 145 hasta hace 65 millones de años.

El platosaurio vivió en el periodo Triásico.

Algunos dinosauros eran tan altos como un edificio de cinco pisos. Otros tenían el tamaño de aves pequeñas.

¿ESPELUZNANTE O GENIAL?

¡El argentinosaurio pesaba tanto como 20 elefantes y era más alto que tres camiones escolares!

El argentinosaurio vivió en el periodo Cretácico. Es uno de los animales más grandes que han caminado en la tierra.

Los dinosaurios vivieron en todo el mundo.

¿ESPELUZNANTE O GENIAL?

La palabra dinosaurio significa lagartija terrible.

¿LO SABÍAS?

Los humanos nunca vivieron en la Tierra al mismo tiempo que los dinosaurios.

CARNÍVOROS

Los dinosaurios que solo comían carne eran los **terópodos**.

¿ESPELUZNANTE O GENIAL?

La palabra terópodo significa pie de bestia.

El espinosaurio fue el más grande de todos los dinosaurios carnívoros. Los científicos creen que principalmente comía peces.

Los terópodos caminaban o corrían en dos pies, tenían garras cortantes y dientes filosos.

Los velocirráptors tenían largas y curvas garras en el segundo dedo de cada pie.

¿ESPELUZNANTE O GENIAL?

Los científicos creen que los velicorráptors tenían plumas —para calentarse, no para volar—. También creen que hoy en día las aves son los parientes vivos más cercanos a los dinosaurios.

El masivo tiranosaurio rex podía desgarrar la carne y aplastar huesos con sus poderosas mandíbulas y dientes **serrados**.

Los científicos creen que el tiranosaurio rex podía correr hasta a 33 mph (53 kph). Esto es más rápido que el humano más veloz, que fue cronometrado cerca de las 28 mph (45 kph).

¿ESPELUZNANTE O GENIAL?

Los **fósiles** nos muestran que el esqueleto de un tiranosaurio rex medía 5 pies (un metro y medio) de largo. ¡Y sí, tu podrías caber fácilmente en su boca!

HERBÍVOROS

Los dinosaurios que solo comían plantas eran **presa** usual de los carnívoros. Muchos **herbívoros** se movían en grupos para mantenerse seguros.

¿LO SABÍAS?
Nunca existieron dinosaurios voladores, solo reptiles voladores.

El braquiosaurio era un **saurópodo.**

Los triceratops usaban su largo cuerno para protegerse de los **depredadores**.

¿ESPELUZNANTE O GENIAL?

Triceratops **significa cara con tres cuernos.**

El anquilosaurio era un herbívoro muy grande, ¡medía tres veces el tamaño de tu cama!

¿ESPELUZNANTE O GENIAL?

El anquilosaurio tenía placas huesudas que salían de su piel. Estas podían protegerlo como si fueran una armadura.

DETECTIVES DE DINOSAURIOS

Los **paleontólogos** son como detectives de dinosaurios. Ellos estudian las pistas restantes detrás de los fósiles.

PISTAS FÓSILES

Los huesos nos dan pistas sobre el tamaño de los dinosaurios.

Las huellas nos pueden decir si el dinosaurio caminaba en cuatro patas o dos.

Los dientes nos pueden decir si el dinosaurio era herbívoro o carnívoro.

¡La popó fósil nos da pistas sobre lo que los dinosaurios comían!

No sabemos por qué los dinosaurios **se extinguieron** hace 65 millones de años. Pero sí sabemos que hay muchos más fósiles por encontrar.

fósil de estegosaurio

fósiles de huevos de dinosaurio

GLOSARIO

depredadores: Animales que cazan a otros animales para alimentarse.

fósiles: Restos o vestigios de plantas o animales de hace millones de años.

herbívoros: Animales que comen plantas solamente.

paleontólogos: Científicos que estudian fósiles.

presa: Animal cazado y comido por otro animal.

saurópodo: Cualquier tipo de dinosaurio que pertenezca al grupo de cuellos largos y cabezas pequeñas que caminaban en cuatro patas y solo se alimentaban de plantas.

se extinguieron: Que ya no quedan integrantes vivos de esa especie.

serrados: Que tienen un borde irregular en forma de sierra.

terópodos: Dinosaurios que caminaban o corrían en dos patas, tenían tres dedos en cada pie y la mayoría tenía dientes filosos y garras.

ÍNDICE ANALÍTICO

Apoyos de la escuela a los hogares para cuidadores y maestros

Este libro ayuda a los niños en su desarrollo al permitirles practicar la lectura. Abajo están algunas preguntas guía para ayudar al lector a fortalecer sus habilidades de comprensión. En rojo hay algunas opciones de respuesta.

Antes de leer:

- **¿De qué pienso que tratará este libro?** *Pienso que este libro es acerca de dinosaurios gigantes que lucían escalofriantes. Pienso que este libro es acerca de dinosaurios geniales.*
- **¿Qué quiero aprender sobre este tema?** *Quiero aprender qué les pasó a los dinosaurios. Quiero aprender qué comían los dinosaurios y dónde vivían.*

Durante la lectura:

- **Me pregunto por qué...** *Me pregunto por qué algunos dinosaurios comían carne mientras que otros comían plantas solamente. Me pregunto por qué los dinosaurios eran tan grandes.*
- **¿Qué he aprendido hasta ahora?** *Aprendí que los humanos nunca vivieron al mismo tiempo que los dinosaurios. Aprendí que el tiranosaurio rex podía correr hasta a 33 mph (53 kph).*

Después de leer:

- **¿Qué detalles aprendí de este tema?** *Aprendí que los científicos aprenden más de los dinosaurios estudiando sus huesos, huellas, dientes y popó. Ellos pueden decir qué tipo de alimentos comían los dinosaurios al estudiar su popó.*
- **Lee el libro de nuevo y busca las palabras del glosario.** *Veo la palabra* ***paleontólogos*** *en la página 20 y las palabras* ***se extinguieron*** *en la página 22. Las demás palabras del vocabulario están en la página 23.*

Crabtree Publishing

crabtreebooks.com 800-387-7650

Print book version produced jointly with Blue Door Education in 2022

Photo credits: All images from Shutterstock.com; Cover title type © Maksim Kovalchuk, T-rex © Warpaint, eye detail on page 2 © Martina Badini (Editorial use only), rock graphic for sidebars © ayax, pages 4-5 © Daniel Eskridge, page 6-7 Argentinosaurus © Elenarts, page 8-9 © AmeliAU, page 10-11 © Daniel Eskridge, inset of feet © Ton Bangkeaw, page 12-13 © Elenarts, page 14-15 © Herschel Hoffmeyer, page 16-17 © Catmando, page 18 © Herschel Hoffmeyer, page 19 © Daniel Eskridge, page 20-21 © paleontologist natural, old paper © michael lawlor, bones © hans engbers, footprint © Rattana, tooth © Mark_Kostich, poop © W. Scott McGill, page 22 eggs © Jaroslav Moravcik (Editorial use only), inset pic © Gautier22 (Editorial use only)

Library and Archives Canada Cataloguing in Publication
Title: Dinosaurios / Alan Walker ; traducción de Sophia Barba-Heredia.
Other titles: Dinosaurs. Spanish
Names: Walker, Alan, 1963- author. | Barba-Heredia, Sophia, translator.
Description: Series statement: Espeluznantes pero geniales | Translation of: Dinosaurs. | Includes index. | "Un libro de el semillero de Crabtree". | Text in Spanish.
Identifiers: Canadiana (print) 20210257318 | Canadiana (ebook) 20210257326 | ISBN 9781039618602 (hardcover) | ISBN 9781039618725 (softcover) | ISBN 9781039618848 (HTML) | ISBN 9781039618961 (EPUB) | ISBN 9781039619081 (read-along ebook)
Subjects: LCSH: Dinosaurs—Juvenile literature.
Classification: LCC QE861.5 .W33518 2022 | DDC j567.9—dc23

Published in Canada
Crabtree Publishing
616 Welland Avenue
St. Catharines, Ontario
L2M 5V6

Published in the United States
Crabtree Publishing
347 Fifth Avenue
Suite 1402-145
New York, NY 10016

Hardcover	978-1-0396-1860-2
Paperback	978-1-0396-1872-5
Ebook (pdf)	978-1-0396-1884-8
Epub	978-1-0396-1896-1
Read-along	978-1-0396-1908-1
Audio book	978-1-0396-1920-3

Written by Alan Walker
Translation to Spanish: Sophia Barba-Heredia
Spanish-language layout and proofread: Base Tres

Printed in China/122022/FE08262022

Library of Congress Cataloging-in-Publication Data
Names: Walker, Alan, 1963- author. | Barba-Heredia, Sophia, translator.
Title: Dinosaurios / Alan Walker ; traducción de Sophia Barba-Heredia.
Other titles: Dinosaurs. Spanish
Description: New York, NY : Crabtree Publishing Company, [2022] | Series: Espeluznantes pero geniales - un libro el semillero de Crabtree | Includes index.
Identifiers: LCCN 2021031752 (print) | LCCN 2021031753 (ebook) | ISBN 9781039618602 (hardcover) | ISBN 9781039618725 (paperback) | ISBN 9781039618848 (ebook) | ISBN 9781039618961 (epub) | ISBN 9781039619081
Subjects: LCSH: Dinosaurs--Juvenile literature.
Classification: LCC QE861.5 .W32518 2022 (print) | LCC QE861.5 (ebook) | DDC 567.9--dc23
LC record available at https://lccn.loc.gov/2021031752
LC ebook record available at https://lccn.loc.gov/2021031753